## 常识手册
自然灾害有哪些，
你都了解吗？

## 安全百科
多主题教育专栏，
专为小朋友准备。

"码"上查收
# 防灾避险
# 小贴士
做自己的安全小卫士

## 应急指南
遇到险情，一定要会
的自救知识。

## 情景课堂
趣味生动讲解，
教你如何避险。

火是人类的朋友，给人类带来文明进步、光明和温暖。但是，如果火失去控制就会给人类带来灾难。当我们遭遇火灾时，该怎么办呢？聪明的你，想到办法了吗？跟着我们的火灾科普小使者，去图书的世界了解更多知识吧！

主编◎陈雪芹　丛唯一　曲利娟

吉林科学技术出版社

**图书在版编目（CIP）数据**

火灾 / 陈雪芹，丛唯一，曲利娟主编 . -- 长春：
吉林科学技术出版社，2024.8. --（红领巾系列自然灾
害防灾减灾科普）. -- ISBN 978-7-5744-1745-8

I. X928.7-49

中国国家版本馆 CIP 数据核字第 20241MG727 号

# 火灾
## HUOZAI

| | |
|---|---|
| 主　　编 | 陈雪芹　丛唯一　曲利娟 |
| 副 主 编 | 杨　影　侯岩峰　张玉英　张　苏　曹　晶 |
| 出 版 人 | 宛　霞 |
| 策划编辑 | 王聪会　张　超 |
| 责任编辑 | 穆思蒙 |
| 内文设计 | 上品励合（北京）文化传播有限公司 |
| 封面设计 | 陈保全 |
| 幅面尺寸 | 240 mm × 226 mm |
| 开　　本 | 12 |
| 字　　数 | 50 千字 |
| 印　　张 | 4 |
| 印　　数 | 1~6000 册 |
| 版　　次 | 2024 年 9 月第 1 版 |
| 印　　次 | 2024 年 9 月第 1 次印刷 |
| 出　　版 | 吉林科学技术出版社 |
| 发　　行 | 吉林科学技术出版社 |
| 地　　址 | 长春市福祉大路 5788 号出版集团 A 座 |
| 邮　　编 | 130118 |
| 发行部电话/传真 | 0431-81629529　81629530　81629531 |
| | 81629532　81629533　81629534 |
| 储运部电话 | 0431-86059116 |
| 编辑部电话 | 0431-81629380 |
| 印　　刷 | 吉林省吉广国际广告股份有限公司 |
| 书　　号 | ISBN 978-7-5744-1745-8 |
| 定　　价 | 49.90 元 |

# 目录

# 呜哇呜哇！着火啦

"呜哇——呜哇——"一辆消防车拉着警笛，从大街上呼啸而过，看来又有地方发生火灾了。火灾对公众安全和社会发展的危害都非常大。现在，我们就来认识一下什么是火灾吧！

火的燃烧是可燃物与氧化剂发生的一种氧化放热反应，通常伴有火焰、发光和（或）发烟现象。

正常情况下，火能为人类所用，是人类的朋友。可一旦火在时间或空间上失去控制地燃烧，就会给人类带来灾难，这就是火灾。

火要燃烧起来，必须具备可燃物、助燃物、着火源三个必备因素，缺少任何一个因素，燃烧就会停止。

★常识手册
★应急指南
★安全百科
★情景课堂
扫码领取

可燃物：能够与空气中的氧或其他氧化剂起剧烈化学反应的物质都是可燃物，如木材、纸张、塑料、棉花、汽油等。

| 木材 | 纸张 | 塑料 | 棉花 | 汽油 |

助燃物：能帮助和支持可燃物燃烧的物质，如氧气、氯气等。

氧气

着火源：供给可燃物与助燃剂发生燃烧反应能量的来源，如明火、电火花、高温物体等。

| 火柴 | 电火花 | 香烟 |

# 火灾也分不同类型

我国每年都会发生上百万起大大小小的火灾，但这些火灾可不都一样哦。根据可燃物的类型和燃烧特性，火灾通常分为六大类，且每类火灾都需要用不同类型的灭火器来扑灭。下面就一起来了解一下吧！

## C类火灾

C类火灾指气体火灾，如煤气、天然气、甲烷、乙烷、丙烷、氢气等燃烧引起的火灾。

这类火灾应选用干粉、卤代烷、二氧化碳等类型的灭火器灭火。

## A类火灾

A类火灾指固体物质火灾，如木材、煤炭、棉、毛、纸张、干草、塑料等燃烧引起的火灾，燃烧后有灰烬。

这类火灾应选用水、泡沫、干粉、卤代烷等类型的灭火器灭火。

## B类火灾

B类火灾指液体或可熔化的固体物质火灾，如煤油、柴油、原油、甲醇、乙醇、沥青、石蜡等燃烧引起的火灾。

这类火灾应选用干粉、泡沫、卤代烷、二氧化碳等类型的灭火器灭火，扑救水溶性B类火灾不得选用化学泡沫灭火器。

## D类火灾

D类火灾指金属火灾，如钾、钠、钛、锆、锂、铝镁合金等燃烧引起的灾。

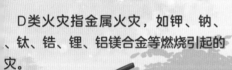

这类火灾应选用专用干粉灭火器火。

## E类火灾

E类火灾指带电火灾及物体带电燃烧的火灾，如发电机、变压器、配电间、电子计算机房等燃烧引起的火灾。

这类火灾应选用卤代烷、二氧化碳、干粉等类型的灭火器灭火。

## F类火灾

F类火灾指烹饪器具内的烹饪物，如植物油脂、动物油脂等燃烧引起的火灾。

金属

这类火灾应用便携式食用油灭火器或厨房灭火系统装置扑灭，也可用金属锅盖盖在锅具上扑灭。

# 查明起火的原因

事故都有起因，火灾也不例外，分析起火的原因，了解火灾发生的特点，可以有针对性地运用技术，采取措施，有效控火，减小火灾的危害。现在，我们就来了解一下火灾发生的常见原因吧。

🔥 电气：电路老化、电气设备负荷过重、电气线路接触不良或短路等都是引起火灾的直接原因。

🔥 玩火：儿童在缺少看管的情况下，玩火取乐从而引发火灾。

🔥 用火不慎：如炊事器具设置不当、安装不符合要求，取暖设备使用不当、违反生产安全制度等，均可引起火灾。

放火：焚烧秸秆等人为放火行为，可引起火灾。

雷击：雷电直接击在建筑物、树木上产生热效应，或者雷电波沿着电气线路或金属管道侵入建筑物内部等，都可能引起火灾。

 自燃：在既无明火又无热源的条件下，手套、衣服、木屑、垃圾、湿稻草、麦草、棉花等长时间堆积在一起，本身发热引起自燃，导致火灾发生。

吸烟：烟蒂和点燃烟后未熄灭的火柴梗的温度可达到800℃，可引起许多可燃物质的燃烧，从而引起火灾。

设备故障：一些设备疏于维护保养，无法正常使用时，因摩擦、过载、短路等原因造成局部过热，从而导致火灾。

# 要掌握正确的灭火方法

　　火灾很危险，一定要及时扑灭。但由于起火的原因不同，燃烧物不同，使用的灭火方法自然也不尽相同。那么，你知道灭火的方法都有哪些吗？灭火主要有四种方法，一起来了解一下吧。

## 冷却灭火法

冷却灭火法是用水、二氧化碳等灭火剂来降低燃烧物的温度，使其温度低于燃点，从而使燃烧过程停止。适用于扑灭木头、纸张、布料等固体物质引起的火灾。

## 窒息灭火法

窒息灭火法就是隔断燃烧物的空气供给，使燃烧物质因缺乏或断绝氧气而熄灭。适用于扑救封闭式空间、生产设备装置及容器内的火灾。比如，用灭火毯、沙土等物质覆盖燃烧物，使用二氧化碳灭火器扑灭火灾，等等。

## 隔离灭火法

隔离灭火法是把燃烧物与未燃烧物隔离，使燃烧自动中止。比如，将火源附近的易燃、易爆物质转移到安全地点，关闭设备或管道上的阀门等。

## 抑制灭火法

抑制灭火法是将干粉、卤代烷等灭火剂喷入燃烧区参与燃烧反应，使其停止燃烧。比如，用干粉灭火器扑灭草原、森林等地发生的火灾。

# 火灾带来的危害不可小觑

小型火灾会造成不同程度的财产损失，大型火灾则会造成严重的人员伤亡，以及不可估量的经济、生态等领域的损失。总之，火灾带来的危害非常大，必须重视起来。

火灾对人的危害是综合性的，其主要的危害因素有四种：缺氧、高温、烟尘、有毒气体，严重时会造成大量的人员伤亡。

如果一些历史保护建筑、文化遗址发生火灾，除了会造成人员伤亡和财产损失外，还会烧毁大量的文物，造成不可弥补的损失。

## 科普小课堂：火灾的等级划分

- 一般火灾：死亡3人以下，或者重伤10人以下，或者直接财产损失1000万元以下。
- 较大火灾：死亡3~10人，或者重伤10~50人，或者直接财产损失1000万~5000万元。
- 重大火灾：死亡10~30人，或者重伤50~100人，或者直接财产损失5000万元以上1亿元以下。
- 特别重大火灾：死亡30人以上，或者重伤100人以上，或者直接财产损失1亿元以上。

火灾会带来较大的经济损失，一方面，火灾会烧毁建筑物及其内部的财物、设备或室外的公共设施，造成惨重的经济损失；另一方面，救火及灾后重建也需要耗费大量的人力和财力。

森林火灾不但会烧毁草木，危害野生动物，还会引起水土流失，污染空气，导致气候异常，破坏生态平衡，进而威胁人类的生存和发展。

重大火灾会引起广泛关注，造成一定程度的负面效应，影响社会稳定。

# 消除那些容易被忽视的火灾隐患

　　我们已经知道了火灾带来的巨大危害，但是，生活中仍然存在着很多容易被忽视的火灾隐患，所以，为了自己和家人的生命安全，应及时消除身边的火灾隐患。

🔥 检查家中电线是否有乱拉乱接、老化、破损等现象，若有，应及时更换。

🔥 检查家中的插头、插座是否牢固，插座上不要同时连接多个电器，不要超负荷用电。

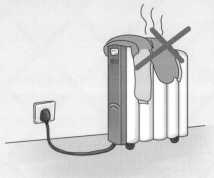

🔥 正确使用电器，比如不在电暖气上烘烤衣物，电热毯不长期通电或折叠使用等。

🔥 管理好家中的易燃物品，如化妆品、气雾剂、窗帘等，这些物品应远离香烟、蜡烛、蚊香、灶头等火源。

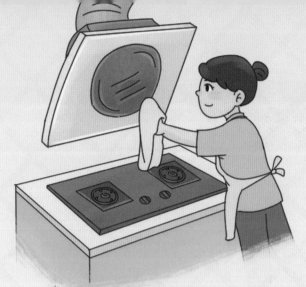

定期清理抽油烟机和灶具；厨房大功率电器分开使用，防止超负荷用电；定期检查燃气管道，防止软管老化，一旦发现燃气泄漏，立即关闭阀门，开窗通风。

外出离家的时候要关电源、关气源、关火源、关门窗、查电器。

严禁占用消防通道。

不可随意将烟蒂、火柴杆扔在废纸篓内或者可燃杂物上，不要躺在床上或沙发上吸烟。

平时不玩火，火柴、打火机等物品放在儿童不易取到的地方；不乱放烟花爆竹；出游时严禁在野外用火。

及时清理楼梯口、通道、阳台堆放的杂物或易燃易爆品，不在楼梯间停放电动车或给电动车充电。

# 关键时刻能救命的消防设施你会用吗

消防安全与我们每个人息息相关。为了能够尽快扑灭火灾，减少人员、财产损失，很多地方都会配备灭火器、消火栓等消防设施。只有掌握这些消防器材的使用方法，才能做到遇火不慌，救火有方。现在我们就一起来学习一下吧！

## 手提式灭火器

🔥 站在火源上风处，拔下保险销。

🔥 一手握住压把，一手握住喷管。

🔥 对准火焰根部，压下压把并将喷管左右摆动，喷射灭火。

## 消火栓

🔥 打开消火栓门，取出消防水带、水枪，检查接口有无问题。

🔥 将消防水带向火场方向甩开，一端接在消火栓出水口上，另一端接好水枪。

🔥 逆时针方向打开消火栓阀门或按下启动按钮，快步跑到起火点后方，弓步抱住水枪，对准火源喷射灭火。

## 防烟呼吸器

🔥 打开包装盒，取出呼吸器头罩后，拔掉滤毒罐前后两个红色橡胶塞。

🔥 将防烟呼吸器套在头上，滤毒罐置于鼻子前面，拉紧头带即可。

## 灭火毯

🔥 发生火灾时，取出灭火毯，披在身上，穿越火场逃生。

🔥 在火灾初始阶段，可用灭火毯覆盖在火源上阻隔空气，以达到灭火的目的。

## 室内手动报警器

## 防火门

🔥 发生火灾时，手指用力将透明片压进去即可发出报警。

🔥 发生火灾后，关闭防火门能阻止火势蔓延和烟气扩散。

# 发生火灾后，如何正确报火警

大家都知道，在发生火灾后要立即报火警，报警越早，损失越小。但有很多人因为慌乱说不清警情和地址，耽误了救援时间，影响救援工作。那么，你知道如何正确报火警吗？

报警之后，立即派人到交叉路口等候消防车，以便引导消防车迅速赶到火灾现场。

报警时要沉着冷静，尽量用简练的语言说清楚以下信息：

1.火灾发生的详细地址：包括街道、楼层、门牌号、乡镇、村庄的名称，以及周围有没有明显的建筑物、单位或道路标志。

2.燃烧的物品是什么。

3.说明有没有人员被困，被困在哪里。

4.讲清火势猛烈程度，比如有无看到冒烟、火光等。

5.留下自己的电话号码和姓名，以便消防员打电话联系，及时了解火场情况。

6.如果火情有新变化，也要及时报告给消防员，以便他们及时调整部署。

迅速组织人员疏通消防车道，清除障碍物，使消防车到达火场后能够立即进入最佳位置灭火救援。

# 家中失火怎么办

家里做饭需要用火，家中还有很多家用电器，一旦发生火灾，往往会造成严重的家庭财产损失，甚至造成人员伤亡，所以家庭防火至关重要。如果家里发生了火灾应该怎么办呢？

家中厨房油锅着火时，应迅速盖上锅盖灭火，切忌用水浇。不过要注意，不能用玻璃锅盖灭火，因为玻璃锅盖在高温作用下可能会发生爆炸，反而更危险。

家用电气设备、电器发生火灾时，要立即切断电源，然后用干粉、二氧化碳灭火器或湿棉被、湿衣物等将火扑灭，不能直接用水浇。若正在使用吸油烟机，一定要及时关闭。

液化气罐着火，可用浸湿的被褥、衣物等捂盖灭火，同时迅速关闭阀门。如果阀门过热，可用湿毛巾捂住，并迅速把液化气罐搬到室外空旷处。

如果闻到家中有很浓的臭鸡蛋味儿，可能是燃气泄漏了，要第一时间开窗通风，关闭燃气阀门。不要开关电器、打电话或使用明火，到室外后再拨打燃气公司维修电话。

防火门

不要乘坐电梯，应走疏散通道逃生，并随手关上防火门，以防浓烟向楼上飘散，危及楼上邻居的安全。

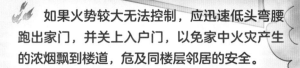

如果火势较大无法控制，应迅速低头弯腰跑出家门，并关上入户门，以免家中火灾产生的浓烟飘到楼道，危及同楼层邻居的安全。

如果是封闭的房间内起火，不要轻易打开门窗，应先在外部查看火势情况，若火势很小或只见烟雾不见火光，可用水桶、脸盆等容器盛水并迅速进入室内将火扑灭。

如果是因吸烟引起被子、沙发等起火，可迅速用水、灭火器或湿被子等扑灭火苗。

# 学校发生火灾怎么办

学校是人员密集的场所，也潜藏着很多火灾隐患，加之有些学生不熟悉火灾自救逃生的知识，所以一旦发生火灾，危害十分严重。那么，校园里发生火灾时，要如何逃生自救呢？

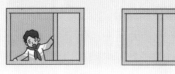

如果被烟火围困无法逃离，应尽量待在阳台、窗口等易于被人发现或能够避免烟火的地方，并发出求救信号。

发生火灾后，不要惊慌失措，要迅速判断着火方位，确定风向，并朝逆风方向离开火灾区域。

身处着火层或着火层下层时，可用手、衣服等捂住口鼻，听从老师的组织，有秩序地从楼梯往楼下疏散。

若身处一楼，当楼道有浓烟和烈火时，可从教室窗口跳出，逃离火场。

最后提醒大家，无论是处于室内还是户外，都要注意不要烧到头发，因为头发的燃点非常低，一旦燃烧将十分危险。

如果走廊或对门、隔壁的火势比较大，无法疏散，可退守在卫生间内，用水泼在门上、地上降温。

平时留意教学楼内的疏散通道、安全出口和楼梯方位，一旦发生火灾可以从正确位置快速逃离现场。

如果是寝室着火且火势较猛，二楼的学生可先向地面扔一些棉被、枕头、床垫、大衣等柔软的物品，然后用手扒住窗户，顺窗滑下，让双脚先落地。

如果火势不大，可用水淋湿衣服或用温湿的棉被包住头部和上半身，保持低姿势，逃离火场。

逃生时如果衣服被烧着，应马上脱下衣物或就地倒下打滚，把身上的火焰压灭，切记不能奔跑。

# 高层建筑发生火灾如何逃生

高层建筑功能复杂，人员密集，且楼道狭窄、楼层高，一旦发生火灾不容易逃生，救援比较困难，而且常因人员拥挤阻塞通道，造成踩踏事故。那么，高层建筑发生火灾时，我们要如何逃生自救呢？

如果门把手发烫且门缝隙有烟气渗入，表明外部已被烟雾封锁，应用湿衣物塞住门缝，同时拨打119报警电话告知接线员自己被困的位置，固守待援。

不要在楼下围观，避免火灾引发高空坠物带来的伤害；已经逃离险境的人员，切不可贪恋财物，重返火场。

如果火灾发生在自己上方的楼层，一般危险性较小，可以从容撤离，也可以不撤离。如果撤离，不能乘坐电梯，以免停电被困住。

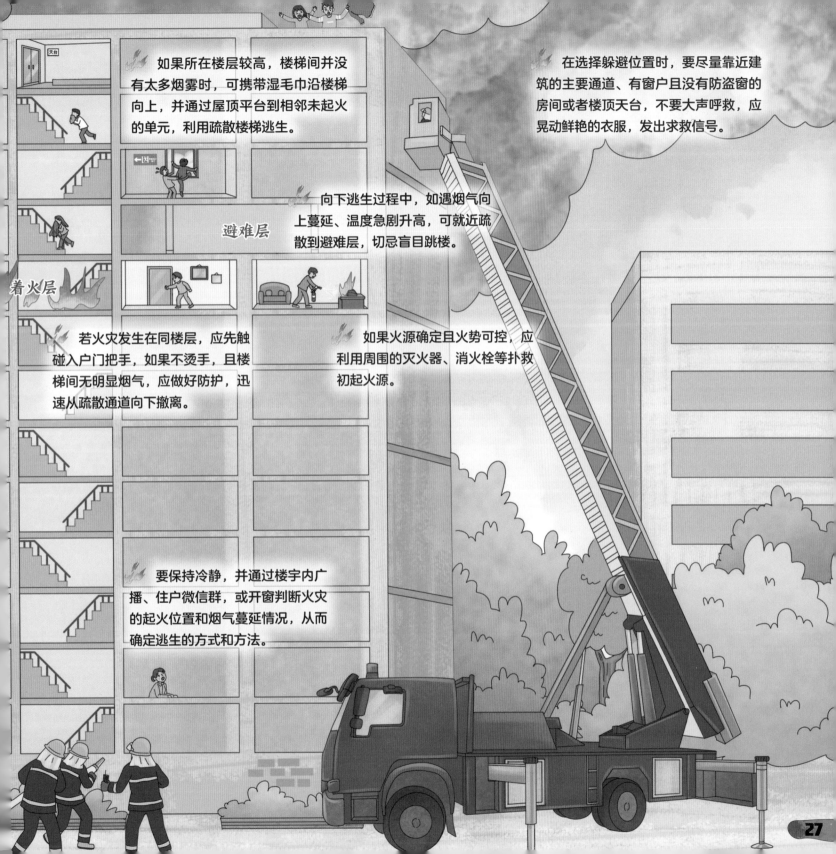

如果所在楼层较高，楼梯间并没有太多烟雾时，可携带湿毛巾沿楼梯向上，并通过屋顶平台到相邻未起火的单元，利用疏散楼梯逃生。

在选择躲避位置时，要尽量靠近建筑的主要通道、有窗户且没有防盗窗的房间或者楼顶天台，不要大声呼救，应晃动鲜艳的衣服，发出求救信号。

避难层

向下逃生过程中，如遇烟气向上蔓延、温度急剧升高，可就近疏散到避难层，切忌盲目跳楼。

着火层

若火灾发生在同楼层，应先触碰入户门把手，如果不烫手，且楼梯间无明显烟气，应做好防护，迅速从疏散通道向下撤离。

如果火源确定且火势可控，应利用周围的灭火器、消火栓等扑救初起火源。

要保持冷静，并通过楼宇内广播、住户微信群，或开窗判断火灾的起火位置和烟气蔓延情况，从而确定逃生的方式和方法。

# 电影院着火该如何应对

电影院属于公共娱乐场所，用电设备多，发生火灾蔓延较快，扑救困难，加之人员集中，疏散也困难，极易造成重大人员伤亡事件。所以，进入公众娱乐场所后，首先要留意安全出口、消防器材的位置，牢记疏散逃生路线。只有这样，在遭遇火灾时，才能顺利逃生自救。

突发火灾，观众应按照应急照明设备指引的方向，迅速选择人流量较小的疏散通道撤离。

逃生时，应特别注意防烟，可用湿衣物捂住口鼻，低姿弯腰，沿承重墙一侧逃生。

舞台发生火灾时，要尽量靠近放映厅的一端，把握时机逃生。

观众厅发生火灾时，可利用舞台、放映厅和观众厅的各个出口迅速疏散。

放映厅发生火灾时，可以利用舞台和观众厅的各个出口进行疏散。

如果观众较多，要听从工作人员的引导，有序逃生，切忌互相推搡，乱跑乱窜，以免造成踩踏事故，造成不必要的人员伤亡。

身处险境时，应尽快撤离，不要顾及贵重物品，已经逃离火场的人员，切不要重返险地。

戒指丢了！

快跑！

# 遭遇地铁火灾怎么办

　　地铁方便快捷，但空间相对封闭，一旦起火，容易造成火势蔓延扩大和大量有毒浓烟的产生，而且人员疏散起来也相对困难。所以，进入地铁后，要熟记地铁内的疏散通道和安全出口。一旦地铁发生火灾，可以通过疏散通道和安全出口顺利逃生。

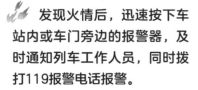

发现火情后，迅速按下车站内或车门旁边的报警器，及时通知列车工作人员，同时拨打119报警电话报警。

寻找附近的灭火器（列车车厢的两端和部分座椅下）进行灭火，力求把初起火灾控制在最小范围。

如果发生火灾时你还没有上车，要按照疏散指示标志，听从工作人员的指挥，迎着风，沿着楼梯有序逃生。

如果已经上车，初期灭火失败，在不明情况之前不要试图破窗，应用湿衣物捂住口鼻，放低姿势，逆风从车头或车尾的应急疏散门依次进入隧道，往临近车站撤离。

← 出口

　　无论是在车站还是列车急停在隧道，都要听从地铁工作人员的指挥，决不能盲目乱跑，要快速有序地撤离，同时留意脚下安全，严禁跳下轨道。

　　在疏散的过程中，扔掉身上尖锐的物品，不要停留，不要逆行，不要贪恋财物，已从地下通道逃离至地上的人不得返回地下通道。

　　万一疏散通道被大火阻断，应尽量躲在避难间、防烟室或其他安全地区，想办法延长生存时间，等待救援。

# 外出住酒店遭遇火灾如何逃生

跟家人出门旅游时，住酒店是必不可少的。酒店作为人员密集场所，一旦发生火灾，极易造成多人伤亡的灾难性事件。那么，酒店突发火灾时，我们该如何自救呢？

突发火灾时，要保持冷静，听从酒店工作人员的口头引导或广播引导逃生，切不可盲目跟随人流跑动，以免逃向错误的方向。

如果火势较猛，应用湿毛巾捂住口鼻，弯腰低头，从安全通道迅速撤离。

入住酒店前一定先熟悉环境，看懂房门后的逃生路线图，熟悉安全通道、消防器材的位置，最好亲自沿着路线走一遍。

火灾发生初期，火势不大时，应使用楼道内的灭火器、消火栓等积极灭火。

如果没在房间内，应立即寻找最佳的避难场所，如酒店内的公共厕所、楼梯间，以及袋形走廊末端设置的避难间等。

逃生时，不要因害羞而忙着穿衣服或贪恋财物，延误逃生的绝佳时机。

如果被困室内，不要盲目开门，最好用浸湿的衣物堵塞门缝，防止烟火蔓延到房间内，然后固守待援。

也可利用酒店客房内的自救缓降器和自救绳逃生。楼层不高时，也可用床单、被罩做成绳子，一端固定，攥住另一端，沿窗下至地面或下层窗口。

# 车辆自燃该如何处置

车辆自燃通常事发突然，燃烧后火势蔓延迅速，如果处置不当，将十分危险，严重的话可能会危及生命。那么，我们应该怎么处置，才能最大程度避免危险呢？

在逃生过程中要及时脱去化纤衣服，且不要因为车内有贵重物品而错失最佳逃离时机。

拿着灭火器迅速下车，如果火势较小，可戴上手套或垫上隔热的物品，将发动机舱盖打开一个缝隙（切勿全部打开），再用灭火器从缝隙向发动机舱内进行喷射灭火。

等消防员赶到后，要告知消防员机动车的动力是油、是气还是电，方便消防员采用适宜的方法灭火。

起火后或车内大量冒烟后，应迅速从车内离开，以免吸入烟雾中的毒气，危害生命。

如果没有灭火器或火势较大，要第一时间远离着火车辆，然后再拨打119报警电话请求救援。

如果汽车自燃时被困在车内，应利用身边的安全锤、金属棒等一切工具凿击门窗玻璃或天窗，尽快逃离起火车辆。

如果是公交车着火，要立即停车，初起火灾可用车上的灭火器灭火；火势大的话要迅速从车门有序撤离。如果车门打不开，可推开天窗或用安全锤等工具破窗逃生。逃生时注意捂住口鼻，防止吸入浓烟。

如果闻到烧焦、烧煳的气味，或发现前机盖冒出烟雾、火苗，应立即靠右停车，熄火，同时断开所有电源，拉动发动机盖锁。

在等待时，可站在车后方安全处，并向后面的车示意绕行，在离车100米处放置一个三角形的警示牌。

# 遭遇公路隧道火灾，如何逃生自救

隧道空间相对比较封闭，一旦发生火灾，燃烧迅猛，浓烟和高温会迅速弥漫整个隧道，而且车辆滞留会使交通中断，救援困难，极大地威胁人们的生命安全。那么，如果遭遇隧道火灾，应该如何正确自救呢？

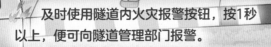

及时使用隧道内火灾报警按钮，按1秒以上，便可向隧道管理部门报警。

如果3分钟内无法有效灭火，应把车钥匙留在车内，然后立即撤离现场，切勿回头抢救财物，以免错过逃生时机。

如果不堵车，着火车辆及其前面的车辆应尽快驶出隧道。

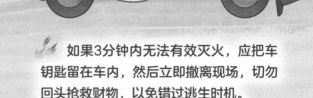

拨打紧急救助电话，说明火灾类型及地点，或用手机拨打122（交通事故报警热线电话）或12122（高速公路报警救援电话）报警，请求支援。

根据逃生箭头的指示，沿着隧道内侧，寻找最近的避险横洞，其中车行横洞每隔750~1000米设有一个，人行横洞每隔250~500米设有一个，通过横洞，撤离至安全地带。

逃生时，切记要用毛巾或衣物（用水沾湿更好）捂住口鼻，弯下腰，往逆风方向逃生，不要高声喊叫，以免吸入有毒气体。

安全出口 EXIT

如果火势可以控制，要尽快利用隧道内消防设备箱中的灭火器、消火栓等设备进行灭火。

如果着火车辆无法移动，驾驶员应保持冷静，打开双闪，尽量靠边停车。在确保自身安全的前提下，在车后方150米处设立警示标志。

如果车辆位置靠后，且堵车，则应果断弃车逃生（钥匙留在车内），切忌盲目掉头逆向驶出隧道。

# 遭遇森林火灾要如何自救脱险

　　森林火灾是一种突发性强、破坏性大、处置及救助较为困难的一种火灾。如果在外游玩时突遇森林火灾，一定要保持镇静，谨记以下几点逃生自救法则，确保安全。

如果被大火包围在半山腰，要快速向山下跑，切忌往山上跑，通常火势向上蔓延的速度要比人跑的速度快，火头会跑到你的前面，从而造成危险。

火势较小时，可就地折断树叶较多的树枝扑灭起火点。

烟尘袭来时，应用湿毛巾、湿衣物捂住口鼻，迅速躲避。躲避不及时，应选择在附近没有可燃物的平地卧倒避烟，切不可选择低洼地或坑、洞。

发现火情时应保持镇定，立即向附近的人发出警报，并第一时间拨打"12119"森林火警电话，详细、准确地报告起火地点、火场面积和燃烧的植被种类。

大火袭来时，如果处在下风向用湿毛巾遮住口鼻，并用水把身上的浸湿，果断地迎着风突破火的包围圈

如果身处森林着火区域，千万不要惊慌，要判明火势大小、着火的风向，然后选择逆风且植被稀疏的路线逃生，切不可盲目逃生。

如果被火包围，时间允许的话可主动在自己周围点火，烧出一片安全区，然后迅速进入安全区，双手抱头，蜷曲躺倒避烟。

顺利逃出火海后，要留意休息地蚁虫、野兽、毒蜂等的侵袭。

集体出游的朋友应当相互查看人员是否都在，如果发现有掉队的人员，应当及时向当地灭火救灾人员求援。

# 发生火灾时，吸入浓烟怎么急救

浓烟伴随火焰产生，含有多种有毒气体，如一氧化碳、氰化氢、硫化氢、氧化二氮等。如果不注意吸入了浓烟，就会损伤呼吸系统，甚至发生窒息或死亡。可以说，浓烟才是火场中真正的"杀手"。那么，火灾发生后，吸入了浓烟该怎么急救呢？

迅速远离浓烟的环境，转移到空气新鲜、通风的地方，适当呈半卧位休息，并且监测生命体征变化。

如果吸入烟雾少，意识、呼吸、脉搏都无异常，可以先观察，多喝水，多咳嗽，多吐痰，促进毒素排出。

如果出现轻度昏迷，但呼吸、脉搏正常，则需要及时解开衣领和裤带，清除口鼻分泌物和炭粒，保持呼吸道通畅。

如果呼吸已经停止，但心脏还在跳动，则需要立即开放气道，进行人工呼吸。

若心脏跳动也停止了，应迅速进行心肺复苏。每按压30次，做2次人工呼吸。

对于任何处于昏睡或不清醒状态的中毒者，必须及时拨打120，等待专业救治，或尽快送医。

# 火场逃生时，发生外伤如何处理

　　火灾时容易发生直接或间接的外伤，如玻璃破碎、房屋倒塌、逃生时跳楼、拥挤踩踏或摔倒等造成的扭伤、摔伤、出血、骨折等。如果发生这些外伤，应该如何处理呢？

## 扭伤

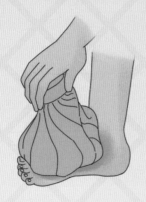

　　停止活动，立刻用冰袋或用毛巾包裹冰块，冷敷扭伤部位30分钟，以减少局部出血和肿胀。

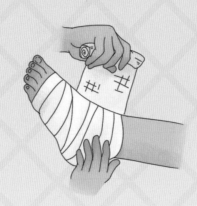

　　抬高患肢，用绷带对扭伤部位进行加压包扎，防止肿胀，然后尽快就医。

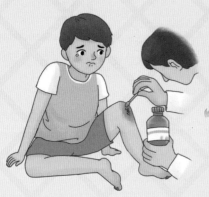

　　若擦伤伤口不严重，可用清水冲洗干净后，再用碘伏消毒。

## 擦伤

　　如果擦伤严重，创面较脏，应在清洗、消毒之后，使用干净的纱布对受伤部位进行加压包扎，然后再送医院处理。

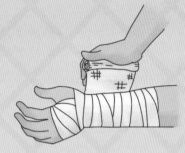

先用清水冲洗伤处，再清理异物，消毒。

如果伤口小，出血少，可直接按压止血。

如果伤口较大，出血较多，可用干净的衣物或纱布进行包扎止血。

如果血流不止，可用布条等在伤口上方缠绕，并稍用力勒紧，加压止血。

骨折

如果是四肢骨折，应先将断肢表面异物清理干净，再用木板、树枝、硬纸板等硬物将骨折处原位包扎固定。

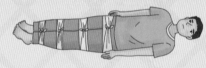

如果在急救现场找不到硬物，也可用布条直接将断肢绑在身上，上肢上臂固定在胸部，下臂悬挂于胸前；下肢可同另一条腿固定在一起。

如果是脊柱骨折，切不要随便活动，最好是3~4个人托扶伤者的头部、背部、臀部及腿部，平放在硬担架或者门板上，用布带固定，然后运送到救治地点治疗。

# 火灾发生时，被烧伤怎么办

在被困或逃离火场时，如果衣服着火了，要迅速灭火，然后用正确的方法处理烧伤部位，才能将伤害降到最低。

## 小范围局部烧伤

用冷水冲洗伤处或将伤处浸泡于冷水中，如无法冲泡，可用冰袋、冰湿的布等敷于伤处，直到不痛为止。

若伤口处有衣物，在降温后可用剪刀小心剪开，如衣物和皮肤粘在一起，可剪去未粘的部分，保留粘住的部分。

冲泡伤处后发现烧伤之处有水泡，千万不要弄破，要用干净的湿衣物或湿纱布覆盖，然后送医治疗。如果是手足被烧伤，应将各手指、脚趾分开包扎，以防粘连。

切记不要涂抹任何有色药物，比如红汞、紫药水等，以免影响医生的判断，也不要涂抹牙膏、香灰等偏方，以免伤口感染。

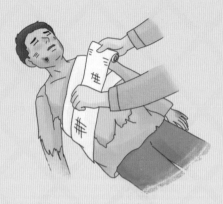

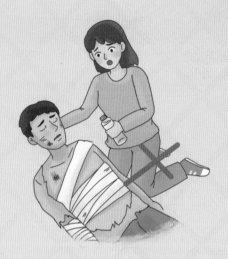

尽早除去伤处附近的衣物和饰物，用干净的布包裹烧伤部位，然后立即送医或等救护车赶来。

避免伤处接触地面，不要刺破水泡，不要擅自用药，不要用黏性敷料，不要冰敷，不要给伤者喝水，以免引起水肿。

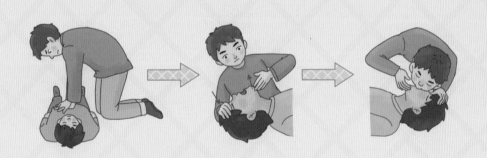

扫码领取

★常识手册 ★安全百科
★应急指南 ★情景课堂

等待救护车或送医途中，视不同情况采取相应的体位，保持呼吸畅通，必要时立即进行心肺复苏。

## 科普小课堂：烧伤分度

Ⅰ度烧伤：表皮浅层受伤，疼痛明显，不起泡，轻度红肿。

Ⅱ度烧伤：浅Ⅱ度有水泡，皮肤红肿，疼痛；深Ⅱ度水泡小，但皮肤溃烂，疮皮厚，密度高，痛觉较迟钝。

Ⅲ度烧伤：皮肤烧焦，干燥无渗液，无痛觉。

# 扑灭大火后我们应该做什么

火灾是一种十分危险的灾害，所以，在大火扑灭后，仍然需要采取一些措施来确保安全和防止二次事故的发生。我们都应该做些什么呢？

检查电器设备，如有问题要及时更换、维修。

打开窗户通风，让烟雾散去。

检查建筑结构，如有受损应立即加固或修缮。

检查气体管道，如管道受损或者漏气，应该立即关闭阀门，并请专业人员进行修缮。

检查周围环境，清除可能引起二次事故的危险物品或物质。

在进行修复工作之前，必须把火灾现场的灰尘、污垢、烧毁的残留物等全部清除干净。

安装火灾报警器，当有烟雾或高温出现时，能自动报警，提醒人们及时采取措施。

排查可能导致火灾的火源，如明火、电器等，确保它们被妥善处理或关闭。

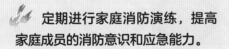

定期进行家庭消防演练，提高家庭成员的消防意识和应急能力。

# 避险童谣

大火发生莫慌张，沉着逃生是良方。
及时拨打"119"，消防通道要通畅。
贪恋财物不可取，贻误时机把人伤。
冷静观察寻出路，争取尽快离火场。
大火封门难逃生，浸湿被褥紧堵门。
泼水降温又呼救，求助外援保生存。
安全疏散最重要，寻找通道莫乱神。
防止中毒须小心，毛巾捂鼻匍匐行。